BEI GRIN MACHT SICH IHR WISSEN BEZAHLT

- Wir veröffentlichen Ihre Hausarbeit, Bachelor- und Masterarbeit

- Ihr eigenes eBook und Buch - weltweit in allen wichtigen Shops

- Verdienen Sie an jedem Verkauf

Jetzt bei www.GRIN.com hochladen und kostenlos publizieren

GRIN ☺

Lisa Vogt

Lebensmittel - Auswahl und Einsatz aus diätetischer Sicht

Unter besonderer Berücksichtigung von Low-Carb-Diäten

GRIN Verlag

Bibliografische Information der Deutschen Nationalbibliothek:

Die Deutsche Bibliothek verzeichnet diese Publikation in der Deutschen National-
bibliografie; detaillierte bibliografische Daten sind im Internet über http://dnb.d-
nb.de/ abrufbar.

Impressum:

Copyright © 2009 GRIN Verlag, Open Publishing GmbH
Druck und Bindung: Books on Demand GmbH, Norderstedt Germany
ISBN: 978-3-640-92246-8

Dieses Buch bei GRIN:

http://www.grin.com/de/e-book/172393/lebensmittel-auswahl-und-einsatz-aus-
diaetetischer-sicht

Thema der Hausarbeit:

Lebensmittel – Auswahl und Einsatz aus diätetischer Sicht

-unter besonderer Berücksichtigung von Low-Carb-Diäten-

Gliederung

1	Einleitung	S.1
2	Definition Lebensmittel	S.2
3	Gesunde Ernährung und wichtige Bestandteile unserer Lebensmittel	S.2
3.1	Energiebedarf des Menschen	S.3
3.2	Kohlenhydrate	S.4
3.3	Proteine	S.6
3.4	Fette	S.8
3.5	Vitamine	S.10
3.6	Mineralien	S.11
4	Low-Carb-Diäten	S.13
4.1	LOGI-Diät	S.13
4.1.1	Aufbau und Wirkungsweise	S.13
4.1.2	diätetisch wichtige Lebensmittel	S.15
4.1.3	Bewertung und gesundheitliche Auswirkungen der Diät	S.19
4.2	GLYX-Diät	S.20
4.2.1	Definition glykämischer Index	S.20
4.2.2	Aufbau und Wirkungsweise	S.21
4.2.3	diätetisch wichtige Lebensmittel	S.24
4.2.4	Bewertung und gesundheitliche Auswirkungen der Diät	S.27
5	Fazit	S.28
6	Anhang	
7	Literaturverzeichnis	

1 Einleitung

Eine Umfrage der Zeitschrift "Brigitte" ergab, dass gut aussehende Menschen mehr Chancen im Berufsleben haben. Erfolg und Äußeres hängen scheinbar eng zusammen. Ästhetische Normen, werden jedoch stark von den gesellschaftlichen Normen beeinflusst. Schlank zu werden oder zu bleiben kann deshalb eine echte – und überaus frustrierende – Herausforderung sein. Wenn wir ehrlich sind, dann haben wir in unserem Leben wahrscheinlich schon mehr als zwei Diäten ausprobiert. Egal, wie sehr wir uns anstrengen, weniger zu essen, die Pfunde kommen einfach immer wieder. Nur wenn wir begreifen, was im Körper vor sich geht, haben wir die Chance, unser Gewicht zu kontrollieren.

In Deutschland sind 58 Prozent der Männer und 42 Prozent der Frauen übergewichtig, 13 Prozent der Bevölkerung haben starkes Übergewicht. Diese Zahlen sind kontinuierlich im Steigen begriffen; im Vergleich mit 1999 ist der Anteil der Übergewichtigen um zwei Prozentpunkte gestiegen (vgl. Fullerton-Smith: Der Große Food Check). Wie wissen alle, dass Übergewicht ernste Gefahren für die Gesundheit bedeutet. Vor allem sind dicke Menschen eher gefährdet, an Herzinfarkten, Diabetes und einigen Krebstypen zu erkranken. Deshalb wird das „Normalgewicht" manchmal auch als das „gesunde Gewicht" bezeichnet. Die gegenwärtige Situation ist durch widersprüchliche Tendenzen gekennzeichnet: Während auf der einen Seite das Thema Kochen durch zahllose Zeitschriften und TV-Programme eine wohl auch international beispiellose Medienpräsenz aufweist, wird gleichzeitig zunehmend auf industriell hergestellte Fertig- und Halbfertigprodukte zurückgegriffen. Doch wie können die überschüssigen Pfunde am effektivsten verschwinden? In der heutigen Zeit werden wir mit Erfolg versprechenden neuartigen Diäten und Ernährungstips überhäuft. Trends wie „Low Fat" oder „Light-Produkte" finden begeisterten Anhang. Besonders in den letzten Jahren hat sich das „Low-Carb-System" auf dem Markt durchsetzen können. In den USA wird diese Diät schon seit Jahren praktiziert, in Deutschland gewinnt sie erst in den letzten Jahren zunehmend an Bedeutung. Inzwischen haben sich einzelne „Low-Carb-Diäten" herauskristallisiert, wie zum Beispiel die „LOGI-Diät" oder die „GLYX-Diät".

Worin begründet sich ihr Erfolg und was für gesundheitliche Auswirkungen hat die langfristige Ernährung nach diesen Diät-Prinzipien? Diese Fragen sollen in der nachfolgenden Arbeit genauer untersucht werden.

2 Definition Lebensmittel

„Lebensmittel [sind] im Sinne der EU-Basis-Verordnung […] alle Stoffe oder Erzeugnisse, die dazu bestimmt sind oder von denen nach vernünftigem Ermessen erwartet werden kann, dass sie in verändertem, teilweise verarbeitetem oder unverarbeitetem Zustand von Menschen aufgenommen werden. Zu den Lebensmitteln zählen auch Getränke, Kaugummi sowie alle Stoffe - einschließlich Wasser -, die dem Lebensmittel bei seiner Herstellung oder Ver- oder Bearbeitung absichtlich zugesetzt werden." (Schlieper, Cornelia A.: Grundfragen der Ernährung. 2007: S.10)

3 Ernährung und wichtige Bestandteile unserer Lebensmittel

Die Ernährung ist ein Grundbedürfnis des Menschen. Sie versorgt uns mit Energie, die für alle Aktivitäten unseres Körpers benötigt wird, Flüssigkeit und Nährstoffen, die dem Erhalt beziehungsweise dem Aufbau von Körpersubstanzen wie auch der Regulation von Stoffwechselprozessen dienen. Unsere tägliche Versorgung mit Lebensmitteln ist das Fundament für geistige und körperliche Entwicklung sowie für Reproduktion, Leistungsfähigkeit und Wohlbefinden. Eine Fehlernährung kann daher schwerwiegende gesundheitliche Folgen nach sich ziehen. Ernährungsbedingten Krankheiten treten überwiegend in den industrialisierten Ländern auf und sind Folgen von veränderten Lebens-, Arbeits- und Essgewohnheiten. Besonders häufig sind Erkrankungen wie Übergewicht, Verdauungsprobleme, Durchblutungsstörungen und Bluthochdruck, aber auch Karies, Leberzirrhose, Diabetes mellitus und Gallensteine können eine Konsequenz von ungesunder Ernährung sein. In Ländern mit einem guten Lebensmittelangebot selten vorkommend sind dagegen Vitaminmangelkrankheiten. (Wissens-Center: http://www.wissens-center.de/print/SL2933054.html; Der Brockhaus multimedial 2008)

3.1 Energiebedarf des Menschen

Um täglich die Körperfunktionen aufrecht zu erhalten und physiologische Vorgänge zu verrichten benötigen wir Energie, die wir unserem Körper in Form von Nahrung zuführen. Dabei basiert der Energiebedarf auf drei Komponenten: der nahrungsinduzierten Wärmeentwicklung, dem Grundumsatz und dem Leistungsumsatz.

Als *Grundumsatz* wird die Energiemenge bezeichnet, die ein Mensch bei absoluter Ruhe und Entspannung, im Liegen, zwölf Stunden nach der letzten Nahrungsaufnahme, leicht bekleidet bei einer Umgebungstemperatur zwischen 20 und 28°C benötigt, um seinen Grundstoffwechsel und die Körpertemperatur aufrecht zu erhalten. Der Grundumsatz wird durch Geschlecht, Alter und Körpergewicht bzw. -größe bestimmt. Schon bei leichten Änderungen der Bedingungen, z.B. bei Stress, Krankheiten, Atemunregelmäßigkeiten, Medikamenten oder verändertem Klima, kommt es zu Abweichungen. Bei Männern liegt der Grundumsatz höher als bei Frauen, bei älteren Menschen niedriger als bei jüngeren (vgl. Anhang Seite 1).

Die *nahrungsinduzierte Wärmeentwicklung* wird auch Thermogenese genannt und bezeichnet den Energiebedarf über den Grundumsatz hinaus. Dieser tritt etwa sechs Stunden nach der Nahrungsaufnahme auf. Energieumsetzende Vorgänge der Verdauung wie Transport und Ab- und Umbau der Nährstoffe bewirken den Anstieg des Energieverbrauchs. Die nahrungsinduzierte Wärmeentwicklung und der Grundumsatz werden auch als Erhaltungsumsatz bezeichnet. Für jede weitere Leistung, die der Mensch vollbringt, beansprucht er zusätzlich Energie.

Der Energiebedarf bei körperlicher Aktivität wird als *Leistungsumsatz* bezeichnet. Gelegentlich wird auch die Bezeichnung Arbeitsumsatz verwendet oder es wird eine weitere Unterteilung in Arbeitsumsatz (berufliche Tätigkeit) und Freizeitumsatz vorgenommen.

Ausmaß und Umfang der körperlichen Aktivität spielt bei der Ermittlung des gesamten Energiebedarfs eine entscheidende Rolle. Der Mittelwert des Energiebedarfs verschiedener Aktivitäten wird als PAL-Wert (zu engl. Physical Activity Level) angegeben. Der Grundumsatz dient hierbei als

Bezugsgröße und die höheren Werte stellen das jeweilige Vielfache des Grundumsatzes dar. Während ruhiges Sitzen mit dem Faktor 1,2 veranschlagt wird, kann Schwerstarbeit einen Wert bis zu 2,4 aufweisen. Durch Multiplikation des Kilojoule- bzw. Kalorienwerts des Grundumsatzes mit dem persönlichen PAL-Wert, ergibt sich der individuelle Energiebedarf. (Schlieper, Cornelia A.: Grundfragen der Ernährung, Der Brockhaus: Ernährung)

3.2 Kohlenhydrate

Die menschliche Nahrung setzt sich aus verschiedenen Bestandteilen zusammen, die von unterschiedlicher Bedeutung für den Körper sind. Dabei bilden die Kohlenhydrate die quantitativ bedeutendste Komponente, da sie als Energiespeicher, Brennstoffe, als Grundgerüst von DNA und RNA und als Strukturelemente in den Zellwänden von Pflanzen und Bakterien dienen. Sie werden im Zuge der Photosynthese gebildet und fungieren im Pflanzenreich als Bau-, Reserve- und Stützsubstanzen. Daher ist unser Hauptlieferant für Kohlenhydrate in erster Linie pflanzliche Nahrung. Chemisch gesehen sind sie Polyhydroxyverbindungen bzw. Abkömmlinge dieser Substanz. „Der Begriff Kohlenhydrate resultier aus der ursprünglichen Annahme, dass alle Verbindungen dieser Substanzklasse Hydrate des Kohlenstoffs sind, die der allgemeinen Summenformel $C_6(H_2O)_6$ entsprechen. Aus heutiger Sicht ist diese eng gefasste Definition jedoch unzureichend, da zahlreiche Verbindungen existieren, die nicht diese Summenformel aufweisen, ihrem chemischen Charakter nach aber unzweifelhaft zu den Kohlenhydraten zu zählen sind" (Hahn, Andreas; Ströhle, Alexander; Wolters, Maike (Hrsg.): Ernährung. Physiologische Grundlagen. 2006: S.7). Zu den Kohlenhydraten zählen unter anderem fast alle Ballaststoffe sowie alle Stärke- und Zuckerarten.

Die Unterteilung der Kohlenhydrate wird nach ihrer Molekülgröße in Mono-, Di-, Oligo- und Polysaccharide vorgenommen. Die Monosaccharide werden auch als Einfachzucker bezeichnet und bestehen aus mindestens drei Kohlenstoffatomen. Es wird dementsprechend zwischen Triosen (3C), Tetrosen (4C), Pentosen (5C), Hexosen (6C) etc. unterschieden. Eine weitere Unterteilung der Monosaccharide wird nach der Art der funktionellen

Gruppe vorgenommen. Einfachzucker, die eine Ketogruppe aufweisen, werden als Ketosen bezeichnet, solche mit einer Aldehydgruppe als Aldosen. Für die Energiegewinnung von besonderer Bedeutung sind die Hexosen, z.B. Fruktose, Glukose und Galaktose. Wichtigster Energieträger ist die Glukose, die jedoch nur in Traubenzucker als Monosaccharid vorliegt und sich daher nur in wenigen Lebensmitteln, wie in Weintrauben oder in Honig vorzufinden ist (vgl. Anhang Seite 1). Des Weiteren ist sie aber auch ein Baustein der Polysaccharide Stärke, Glycogen und Cellulose.

Zweifachzucker setzen sich jeweils aus zwei Molekülen Einfachzucker zusammen. Unter den Disacchariden ist die Saccharose das bedeutendste und vorherrschende Süßungsmittel in der menschlichen Ernährung. Sie setzt sich aus α-D-Glukose und β-D-Fruktose zusammen, die über eine α-1,2-glykosidische Bindung verknüpft sind. Vor allem in Zuckerrohr und Zuckerrübe finden sich hohe Mengen des Zweifachzuckers. Diese dienen als Rohstoffe für die industrielle Rohrzuckererzeugung. Derzeit stammen etwa 11-12% der Nahrungsenergie aus Saccharose. Vor allem der Verzehr von Gebäck, Süßwaren und Softdrinks wie Colagetränke und Limonaden, sind für diese hohe Zufuhr verantwortlich. Auch die in der Milch enthaltene Laktose und die Maltose gehören zu den wichtigen Vertretern der Disaccharide.

Oligosaccharide sind aus drei bis neun miteinander verbundenen Einfachzuckern zusammengesetzt. In freier Form kommen sie nur in pflanzlichen Lebensmitteln vor. Vertreter der Oligosaccharide sind z.B. Raffinose, die vor allem in Zuckerrübenmelasse und Honig vorzufinden ist und die Kohlenhydrate Stachyose und Verbascose, die typische Bestandteile von Hülsenfrüchten darstellen. Ein großes Interesse erfahren in letzter Zeit aber auch die Fructooligosaccharide, welche natürlicherweise in Zwiebeln, Topinambur, Chicorée, Bananen und Spargel enthalten sind und zunehmend als präbiotische Lebensmittelsubstanzen Verwendung finden.

Die Polysaccharide bestehen aus mindestens zehn Molekülen Einfachzucker und werden daher auch als Mehrfachzucker bezeichnet. In Abhängigkeit von ihren monomeren Bausteinen lässt sich diese hochmolekulare Verbindungsklasse in Homo- und Heteroglycane einteilen. Erstere sind ausschließlich aus einem Baustein zusammengesetzt, während Letztere aus unterschiedlichen Monosaccharideinheiten bestehen. Den Hauptteil der Kohlenhydrate in der menschlichen Ernährung liefern Polysaccharige. Besonders das ausschließlich aus Glukoseeinheiten aufgebaute Homoglycan Stärke ist für die Energiegewinnung des menschlichen Körpers von großer Bedeutung. Sie besteht zu 80% aus Amylopektin mit zusätzlichen α-1,6-Verknüpfungen und zu etwa 20% aus unverzweigter, α-1,4-glykosidisch verknüpfter Amylose. Hauptlieferanten von Stärke sind Kartoffeln, Getreide und Leguminosen (Hülsenfrüchte). Weitere wichtige Mehrfachzucker sind die Dextrine und das Glykogen, die Speicherform der Glukose im Körper von Mensch und Tier. Mehrfachzucker die nicht vom Dünndarm aufgenommen werden können sind Ballaststoffe. Zu ihnen zählen Cellulose, Hemicellulose und die Pektine. Sie kommen ausschließlich in pflanzlichen Lebensmitteln vor.

(Der Brockhaus: Ernährung; Biesalski, Hans Konrad; Grimm, Peter (Hrsg.): Taschenatlas Ernährung; Hahn, Andreas; Ströhle, Alexander; Wolters, Maike (Hrsg.): Ernährung. Physiologische Grundlagen; Schlieper, Cornelia A.: Grundfragen der Ernährung; Der Brockhaus multimedial 2008)

3.3 Proteine

Die Nährstoffgruppe der Proteine (Eiweiße) ist abgeleitet vom griechischen Wort „proteno" (dt. das Erste, Wichtigste) und bildet sowohl in funktioneller als auch in struktureller Hinsicht die vielfältigste Gruppe der Nährstoffe. Sie bilden die Hauptkomponente der organischen Makromoleküle im menschlichen Organismus. Es wird angenommen, dass über 50 000 verschiedene Eiweiße die Struktur- und Funktionsträger aller Lebensvorgänge im menschlichen Körper darstellen. Ihre Bausteine bestehen ausschließlich oder überwiegend aus Aminosäuren. Das strukturelle Charakteristikum dieser Verbindungsklasse ist ihr am α-C-Atom lokalisierte freie Carboxyl- und Aminogruppe. „Aminosäuren können untereinander Bindungen eingehen. Wenn weniger als 100 Aminosäuren miteinander verknüpft sind, spricht man von Peptiden. So nennt man die Verkettung von zwei Aminosäuren Dipeptid, von drei Aminosäuren Tripeptid, von bis zu zehn Aminosäuren Oligopeptid und von zehn bis 100

6

Aminosäuren Polypeptid. Wenn mehr als 100 Aminosäuren verknüpft sind, spricht man von Eiweißen" (Der Brockhaus 2008: S.150).

Für die Proteinsynthese stehen dem Körper zwanzig verschiedene Aminosäuren zur Verfügung. Es gibt nahezu unendlich viele Möglichkeiten der Aminosäurenabfolge uns Anordnung, was die Grundlage für die Vielfalt der lebendigen Systeme darstellt. Neben den einfachen Proteinen, die vollständig aus Aminosäuren bestehen, gibt es die komplexen bzw. konjugierten Eiweiße. Diese enthalten zusätzlich Nichteiweißgruppen, z.B. Lipoproteine, bei denen verschiedene Fettstoffe von einem Eiweißmantel umhüllt sind. Sekundäre Eiweiße bezeichnen Proteinbruchstücke, die z.B. bei der enzymatischen Eiweißverdauung entstehen. Aufgrund ihrer Strukturmerkmale unterteilt man Sphäro- und Skleroproteine. Sphäroproteine sind wasserlöslich und besitzen eine kugelförmige Struktur. Dabei unterscheidet man zwischen Enzymen und Eiweißen, die in den Körperflüssigkeiten vorkommen. Skleroproteine dagegen sind wasserunlöslich und besitzen eine fadenförmige Struktur. Bei ihnen erfolgt eine weitere Unterteilung in Stützproteine (z.B. Fibrinogen, Keratin) und Gerüstproteine (z.B. Elastin, Kollagen).

Eiweiße haben in unserem Körper viele wichtige Funktionen. Sie bestimmen den Bau, die Funktion und den Stoffwechsel aller lebenden Gewebe und Zellen, sind darüber hinaus an der Bildung und Erhaltung von Körpermasse beteiligt (vor allem während der Schwangerschaft und Wachstum) und sind Strukturbestandteile sämtlicher Zellen. Proteine dienen als Stützsubstanzen in den Knochen, Haaren und Nägeln (Keratin), als Gerüstsubstanzen im Bindegewebe (Kollagen) und als Kontraktionselemente in der Muskulatur (Myosin, Aktin). Eine große Anzahl von Eiweißen ist auch in Form von Enzymen, Hormonen (z.B. Insulin) und ihren entsprechenden Rezeptoren an der Steuerung der Stoffwechselprozesse beteiligt. Wichtige Aufgaben erfüllen die Proteine auch im Blut, beim Transport verschiedener Stoffe zwischen den Organen und Geweben. So existieren z.B. Transportproteine für Sauerstoff (Hämoglobin), Lipide (Lipoproteine) oder Eisen (Transferrin). Außerdem fungieren Eiweiße aber auch bei der Blutgerinnung als Gerinnungsfaktoren (Fibrinogen, Thrombin), bei der Immunabwehr als

Antikörper (Immunglobuline) und im Säure-Basen-Haushalt als Puffer. Darüber hinaus werden sie auch bei unzureichender Glukoseverfügbarkeit (z.B. bei Ausdauersport, Hungerstoffwechsel) und bei über dem Bedarf liegender Eiweißaufnahme zur Energiebereitstallung herangezogen.

Der Proteingehalt tierischer und pflanzlicher Gewebe variiert erheblich (vgl. Anhang Seite 2). Die unterschiedlichen Pflanzen- und Tiereiweiße weisen gemäß ihrer biologischen Wertigkeit und Bioverfügbarkeit Differenzen auf. Hinsichtlich ihrer qualitativen und quantitativen Wertigkeit sind Lebensmittel tierischen Ursprungs hochwertiger als pflanzliche Nahrungsmittel. Ihre Aminosäuren werden nahezu vollständig vom Darm ins Blut aufgenommen und in körpereigene Proteine eingebaut. Allgemein sind tierische Proteine leichter aufzuschließen als pflanzliche, da die Zellwände der pflanzlichen den Zugang zum Eiweiß erschweren und in den tierischen Lebensmitteln sowohl alle unentbehrlichen (essenziellen) als auch alle entbehrlichen (nicht essenziellen) Aminosäuren enthalten sind.

Unser Körperbestand an Proteinen liegt bei rund 10kg. Infolge des Absterbens von Zellen etc. werden täglich etwa 250g Eiweiß abgebaut. Nur ein Teil der dabei frei werdenden Aminosäuren kann vom Körper wieder verwendet werden, die anderen Aminosäuren werden Abgebaut und müssen unserem Körper über die Nahrung wieder zugeführt werden. Daher wird von der Deutschen Gesellschaft für Ernährung empfohlen täglich 0,8g Eiweiß pro Kilogramm Körpergewicht zu sich zu nehmen. Der genannte Wert entspricht etwa 10-15% der mit der Nahrung zugeführten Energie. Während der Schwangerschaft und der Stillzeit sollte die Eiweißzufuhr jedoch erhöht werden. (Hahn-Ströhle-Wolters; Schlieper; Der Brockhaus; Grimm)

3.4 Fette

Fette (Lipide) sind im Gegensatz zu Proteinen und Kohlenhydraten eine äußerst heterogen aufgebaute Stoffklasse, die kein einheitliches Bauprinzip aufweist. Sie zeichnet sich durch Unlöslichkeit in Wasser und Löslichkeit in organischen Lösungsmitteln aus. Lipide sind energiereiche Naturstoffverbindungen, die aus einem Glyzerinmolekül und ein bis drei daran gebundenen Fettsäuren bestehen. Biologisch bedeutsam ist die amphiphile Natur vieler Fette, d.h. sie besitzen eine polare (hydrophile) Gruppe und einen unpolaren (hydrophoben) Teil. Die Lipide in unseren Lebensmitteln bestehen hauptsächlich aus Triglyzeriden. Dieses ist aus einem Glyzerinmolekül und drei daran gebundenen Fettsäuren zusammengesetzt. Aber auch Mono- und Diglyzeride, d.h. Glyzerinmoleküle mit einer bzw. zwei daran gebundenen Fettsäuren, kommen im Nahrungsfett vor.

Die physikalischen und chemischen Eigenschaften von fetten werden hauptsächlich von den Fettsäuren bestimmt. Fettsäuren sind aliphatische Carbonsäuren, deren Gerüst aus einer geraden Anzahl von Kohlenstoffatomen (C-Atomen) besteht. Hierbei unterscheidet man kurzkettige, mittelkettige und langkettige Fettsäuren. Enthalten sie maximal vier C-Atome, so handelt es sich um kurzkettige, bei sechs bis zwölf C-Atomen um mittelkettige und bei mehr als zwölf C-Atomen um langkettige Fettsäuren. Ferner werden drei Kategorien von Fettsäuren unterschieden: „[...] gesättigte Fettsäuren, die keine Doppelbindung besitzen, einfach ungesättigte Fettsäuren, die über eine Doppelbindung verfügen, und mehrfach ungesättigte Fettsäuren mit mehreren Doppelbindungen" (Der Brockhaus: Ernährung S.219). Zu den ungesättigten Fettsäuren zählen unter anderem die Stearinsäure mit 18 C-Atomen und die Palmitinsäure, die aus 16 C-Atomen besteht. Diese kommen in tierischen Fetten vor, können aber auch von der Leber selbst hergestellt werden. Gesättigte Fettsäuren sollten höchstens einen Anteil von 33% am insgesamt aufgenommenen Nahrungsfett haben. Nimmt man zu viel gesättigte Fettsäuren zu sich erhöht dies den LDL- und den Gesamtcholesterinspiegel. Die einfach ungesättigten Fettsäuren kann der Körper ebenfalls selbst herstellen. Zu ihnen zählt unter anderem die Ölsäure. Sie besteht aus 18 C-Atomen und kommt z.B. in Olivenöl vor. Für die Elastizität und Funktion der Zellwände ist sie unerlässlich. Die mehrfach gesättigten Fettsäuren werden in zwei Gruppen unterteilt, in die Omega-6- und die Omega-3-Fettsäuren. Die Omega-3-Fettsären sind Bestandteil der Zellwände und auch für die Nervenzellen und die Entwicklung des Gehirns von großer Bedeutung. So schützen sie u.a. vor Herz-Kreislauf-Erkrankungen. Sie verbessern den Blutfluss und wirken Bluthochdruck entgegen, und haben einen positiven Einfluss auf rheumatische Erkrankungen, indem sie entzündliche Prozesse eindämmen. Omega-3-Fettsäuren sind vor allem in Kaltmeerfischen wie Hering, Makrele und Lachs enthalten. Zu ihnen gehören z.B. die α-Linolensäure, die auch grünes Blattgemüse aufweist, die Eicosapentaensäure und die Docosahexaensäure. Zu den Omega-6-Fettsäuren zählen die Eicosatriensäure, die Arachidonsäure und die Linolsäure, die unter anderem in Getreidekeimölen, Walnüssen und Weizenkeimen vorhanden ist. Eicosatriensäure, Eicosapentaensäure und Arachidonsäure werden im menschlichen Körper zu Eicosanioden umgewandelt. Sowohl die Omega-3-α-Linolensäure als auch die Omega-6-Linolensäure sind essentiell und müssen daher dem menschlichen Körper mit der Nahrung zugeführt werden.

„Zu den Lebensmitteln, die natürlicherweise hohe Mengen Fett enthalten, zählen Speiseöle, Nüsse und Samen sowie Butter, fettreiche Käse-, Fleisch- und Wurstsorten. Letztere enthalten reichlich Cholesterin, das ebenso in Innereien und Eigelb in hohen Konzentrationen zu finden ist. Je nach Zubereitung können auch solche Lebensmittel erheblich zur Fettaufnahme beitragen, die natürlicherweise nur geringe Fettmengen enthalten (z.B. Pommes Frites, Bratkartoffeln). Stark verarbeitete Lebensmittel wie Fertiggerichte, verschiedene Snacks und Gebäck weisen teils hohe Mengen versteckter Fette auf" (Hahn-Ströhle-Wolters 2006: S.25) (vgl. Anhang Seite 2). (Der Brockhaus; Hahn-Ströhle-Wolters; Polunin, Miriam: Die 50 besten Lebensmittel für ihre Gesundheit; Schlieper)

3.5 Vitamine

Vitamine sind organische Verbindungen, die vom menschlichen bzw. tierischen Organismus nicht oder nur unzureichend synthetisiert werden können. Dadurch werden Vitamine zu essentiellen, d.h. lebensnotwendigen Nahrungsbestandteilen. Nach ihrer Löslichkeit werden sie in wasserlösliche (Vitamin B_1, B_2, B_6, B_{12}, Folate, Biotin, Niacin, Pantothensäure und Vitamin C) und fettlösliche Vitamine (Vitamin A, D, E und K) unterteilt. Für wasserlösliche Vitamine wird im Körper kein Speicher angelegt. Die Ausnahme bildet das Vitamin Cobalamins. Bei einer überhöhten Zufuhr wasserlöslicher Vitamine werden die überschüssigen Mengen über den Harn ausgeschieden, sodass eine Überdosierung selten körperliche Beschwerden hervorruft. Fettlösliche Vitamine werden dagegen in zum Teil erheblichen Mengen in Fettgewebe und Leber gespeichert. Sie können bei einer zu hohen Zufuhr Vergiftungserscheinungen auslösen, da die Ausscheidungskapazität relativ gering ist. In Einzelfällen (bei Calciferol, Retinol und Niacin) ist der menschliche Organismus in der Lage, Vitamine aus entsprechenden Vorstufen, den Provitaminen, zu bilden.

Die Vitamine erfüllen eine Vielzahl von Funktionen im Körper. So sind sie z.B. an der Regulation des Stoffwechsels und an der Bildung von Knochensubstanz beteiligt, wirken an der Blutbildung mit oder sind Bestandteil verschiedener Enzyme. Wieder andere Vitamine schützen die Zellen als Antioxidanzien vor dem schädlichen Einfluss freier Radikale. Viele Vitamine reagieren sehr empfindlich auf äußere Einflüsse, wie den in der Luft enthaltenen Sauerstoff, Licht oder Hitze (vgl. Anhang Seite 3). Daher sollte man Obst und Gemüse immer möglichst frisch oder tiefgekühlt verzehren. Die Deutsche Gesellschaft für Ernährung empfiehlt täglich fünf Portionen Obst bzw. Gemüse zu sich zu nehmen, um den menschlichen Organismus mit ausreichend Vitaminen zu versorgen. Aber auch Fleisch und Milcherzeugnisse sind wichtige Vitaminlieferanten. (Hahn-Ströhle-Wolters; Der Brockhaus; Schlieper)

3.6 Mineralien

„Neben den Hauptnährstoffen und Vitaminen ist der menschliche Organismus auf eine weitere Gruppe essenzieller Substanzen angewiesen, die unter dem Begriff Mineralstoffe zusammengefasst wird. Funktionell dienen diese anorganischen Verbindungen als Bau- und Wirkstoffe. Die Heterogenität der einzelnen Mineralstoffe macht es schwer, eine Einteilung nach chemischen oder funktionellen Eigenschaften vorzunehmen. Ihre einzige Gemeinsamkeit besteht darin, dass sie in den Zellen in relativ geringen Konzentrationen enthalten sind. Ausgehend von ihrem mengenmäßigen Vorkommen hat sich die Einteilung in zwei Gruppen durchgesetzt: Mengen- und Spurenelemente" (Hahn-Ströhle-Wolters 2006: S.124).

Als Mengenelemente werden die Mineralstoffe bezeichnet, von denen im Körper mehr als 50mg pro Kilogramm Körpergewicht gespeichert sind. Damit der Körper all seine Funktionen ausüben kann, müssen täglich mehr als 50mg zugeführt werden. In ionisierter Form werden Mengenelemente auch als Elektrolyte bezeichnet und stehen überwiegend mit dem Wasserhaushalt, der Knochenmineralisation, der Muskelkontraktion, der Nervenreizleitung, der Membranstabilisierung und der Enzymaktivierung im Zusammenhang. Zu ihnen gehören Phosphor, Chlor (Chloride), Calcium, Kalium, Magnesium, Natrium und Schwefel.

Die Spurenelemente kommen in geringeren Konzentrationen als 50mg pro Kilogramm Körpergewicht im Organismus vor. Eine Ausnahme bildet dabei das Mineral Eisen, das in einer Konzentration von 60mg pro Kilogramm Körpergewicht im menschlichen Körper vorhanden ist. Es lassen sich drei Gruppen von Spurenelementen unterscheiden: essenzielle (d.h. für den menschlichen Körper unentbehrliche), entbehrliche (ohne bekannte Funktion) und giftige Spurenelemente. Zu der ersten Gruppe zählen Fluor, Kupfer, Mangan, Jod, Zink, Selen, Molybdän, Eisen, Chrom und Kobalt, vermutlich auch Silizium, Nickel und Brom. Zu der Gruppe der entbehrlichen Spurenelemente gehören u.a. Rubidium und Lithium. Giftig sind dagegen Blei, Quecksilber, Wismut, Arsen, Beryllium, Kadmium, Palladium und Thallium. Bei den Ultraspurenelementen handelt es sich um Mineralien, die in ausreichenden Mengen mit der Nahrung aufgenommen werden. Für sie sind bislang keine physiologischen Funktionen oder Mangelerscheinungen beim Menschen bekannt. Zu ihnen gehören z.B. Germanium und Strontium.

Im menschlichen Körper haben die Mineralstoffe wichtige Funktionen zu erfüllen. Sie sind Bestandteile des Skeletts und der Zähne. Sie geben den Knochen die Festigkeit und ermöglichen somit die Stützfunktion. Hierbei kommen die Mineralstoffe als ungelöste Verbindungen vor, Phosphationen und Calciumionen bilden in der Knochensubstanz Hydroxylapatit. In gelöster Form - als Elektrolyte - beeinflussen Mineralstoffe (Kationen K^+, Mg^{2+}, Na^+, Ca^{2+} und Anionen SO_4^{2-}, Cl^-) die lebensnotwendigen biochemischen und physikalischen Eigenschaften der Körperflüssigkeiten, z.B. die Erhaltung der Elektoneutralität, die Aufrechterhaltung des osmotischen Drucks und die

Bildung von Puffersytemen. Mineralstoffe sind auch wesentliche Bestandteile biologisch wirksamer organischer Verbindungen: Cobalt ist Bestandteil des Vitamin B_{12} und Eisen-II-Ionen des Hämoglobins und Myoglobins, Iod ist eine Komponente der Schilddrüsenhormone. Daneben sind zahlreiche Mineralstoffe Bestandteile von Enzymen, z.B. Kupfer, Molybdän, Eisen, Mangan, Zink usw.   (Schlieper; Der Brockhaus; Hahn-Ströhle-Wolters; Der Brockhaus multimedial 2008)

4 Low-Carb-Diäten

Der Begriff „low carb" kommt aus dem Englischen und ist die Abkürzung für „low carbohydrates", „niedriger Kohlenhydratgehalt". Unter der sogenannten Low-Carb-Diät versteht man demzufolge eine Reduktionsdiät, bei der kohlenhydratreiche Lebensmittel wie Nudeln, Brot, Reis und Kartoffeln gemieden und dadurch sowohl Eiweiße als auch Fette vermehrt zu sich genommen werden. Dabei ist die Gewichtsreduktion hauptsächlich auf die höhere Sättigungswirkung von Eiweiß zurückzuführen. Das Ziel dieser Diät ist es, den Insulinspiegel möglichst gering zu halten, da das Hormon den Fettabbau behindert und bei überschüssiger Produktion den Appetit steigern kann.

Vor allem in den USA war Ende 2003 ein „Low-Carb-Boom" zu verzeichnen. Obwohl in Europa der „Riesenerfolg" ausblieb, steigt die Nachfrage nach dem erfolgversprechenden „amerikanischen Hit" auch hierzulande. So lassen sich bereits zahlreiche Low-Carb-Diäten verzeichnen. Zu den bekanntesten gehören die Atkins-Diät, die South-Beach-Diät, die Diät nach Montignac-Methode und die Diät nach Logi-Methode. Im weiteren Verlauf soll die „Low-Carb-Diät" nach Logi-Methode etwas genauer betrachtet werden.   (Maike, Groeneveld: Low-Carb-Diäten; Der Brockhaus)

4.1 Die LOGI-Diät

4.1.1 Aufbau und Wirkungsweise

Deutschland gehört zu den Ländern die die meisten Kohlenhydrate zu sich nehmen. Wir können uns einen Tag ohne Müsli, Brot, Reis, Kartoffeln oder Nudeln nicht vorstellen. Aber nach einer kohlenhydratreichen Mahlzeit meldet sich bald wieder Appetit, der oft mit dem Nächstbesten gestillt wird: Brezeln, Schokoriegel, Gummibärchen und Co. Ausgewogen zu essen, mehr Eiweiß und weniger Kohlenhydrate, macht schneller und länger satt.

Als Basis für diese Low-Carb-Diät soll die LOGI-Pyramide dienen (vgl. Anhang Seite 4). Neben Früchten, Gemüse und Pflanzenölen kommt Eiweißreiches auf den Teller. Wer mag, kann dazu noch kleine Beilagenportionen Nudeln, Reis oder Kartoffeln essen. Die Grundpfeiler des Low-Carb-Prinzips nach LOGI sind: „[d]ie frische und bunte Basis", „[d]ie ideale Beigabe", „[s]att machende Leckerbissen", [g]elegentliche Beilagen" und „[d]ie Dickmacher" (Nicolai Worm; Doris Musiar: Low Carb, 2005: S.10). Es wird empfohlen viel Obst und Gemüse zu essen, da bei diesen Lebensmitteln „nichts falsch [ge]mach[t]" (Worm, Musiar: S.10) werden kann und dem Körper somit viele Vitalstoffe zugeführt werden. Hierbei wird auf die Empfehlung der deutschen Gesellschaft für Ernährung zurückgegriffen, die empfiehlt, dass fünf Mal am Tag Obst und Gemüse zu sich genommen werden sollte. Wobei der Gemüseanteil drei und der Obstanteil zwei betragen sollte. Des Weiteren werden hochwertige Öle wie Raps- und Olivenöl auf eine Stufe mit Früchten und Gemüse gestellt. Beim Kochen und Backen soll grundsätzlich zu Ölen mit einfach ungesättigten Fettsäuren gegriffen werden, wobei man aber auch nicht verschwenderisch mit den Fetten umgehen darf. Wenn man bei den Kohlenhydraten spart, kann man laut LOGI mehr Eier, fettnormale Milchprodukte, mageres Fleisch, Fisch, Hülsenfrüchte und Nüsse zu sich nehmen. Diese Lebensmittel sind gute Quellen für wertvolles Eisen, Eiweiß, Omega-3-Fettsäuren, B-Vitamine und Zink. Gerade unsere Lieblingsbeilagen Brot, Reis, Teigwaren und Getreideprodukte sind besonders reich an Kohlenhydraten. Obwohl laut Low-Carb zu viel davon ungesund ist, muss man bei der LOGI-Methode nicht vollständig darauf verzichten. Kleinere Portionen von Lebensmitteln auf Vollkornbasis sind erlaubt. Die Lebensmittel der „Dickmacher" stehen in der Nahrungsmittelpyramide an der Spitze. Obwohl es sich dabei um stärke- und zuckerreiche Produkte handelt, die oft auch noch viel ungesundes Fett enthalten, muss man nicht komplett auf Leckereien verzichten. Die LOGI-Methode erlaubt es, bei ansonsten ausgewogener Ernährung, den Gelüsten nach Torte, Eis, Toast und Pralinen auch einmal nachzugeben. Natürlich soll aber der übermäßige Genuss von Süßwaren vermieden werden.

Bei der Anwendung dieser Diät muss man keine Kalorien zählen oder Lebensmittellisten auswendig lernen. Die tägliche Nahrungsaufnahme wird nach der LOGI-Pyramide ausgerichtet. „Je weiter unten eine Lebensmittelgruppe steht, desto reicher ist sie an unentbehrlichen Nährstoffen in großer Vielfalt [(vgl. Anhang Seite 4)]. Die Lebensmittelgruppen in den letzten drei Spalten sind deswegen unverzichtbar, um länger jung und fit zu bleiben. [...] Auch die Lebensmittel in den folgenden drei Spalten tragen beachtlich zur Grundversorgung mit Vitalstoffen bei. Milchprodukte zum Beispiel enthalten große Mengen Vitamin A und Kalzium. Obst bringt neben Gemüse auch noch Provitamin A und Folsäure ins Essen [...]. Und Magnesium aus Nüssen und Samen stärkt unser Nervenkostüm und die Muskulatur. Getreide und Vollkornprodukte liefern von den kritischen Vitalstoffen nur Vitamin B1 (Thiamin) in nennenswerten Mengen. Weil dieses auch in Gemüse und Fleisch enthalten ist, könnte man auf Getreideprodukte verzichten, ohne dass die Gefahr von Mangelerscheinungen besteht" (Worm, Muliar 2005: S.13).

Die LOGI-Methode baut auf der Erkenntnis auf, dass eiweißreiche Nahrung lang anhaltend satt macht. Zugleich unterstützt das Eiweiß den Muskelaufbau, stärkt die Knochen und fördert die Fettverbrennung. Denn um aus dem Nahrungseiweiß wertvolle Baustoffe zu gewinnen (kleinere Polypeptide oder Aminosäuren), muss der Stoffwechsel erst einmal Energie investieren. Darum wird nach einer eiweißreichen Mahlzeit mehr Energie „verheizt" als nach einem fett- oder kohlenhydratreichen Essen.   (Worm, Muliar; Maike, Groeneveld: Low-Carb-Diäten)

4.1.2 diätetisch wichtige Lebensmittel für die LOGI-Diät

Wie aus der Nahrungs-Pyramide ersichtlich wird, bilden Obst und Gemüse den Schwerpunkt in der „LOGI-Küche". Dabei soll natürlich auf frische Wahre, notfalls auch Tiefkühlkost zurückgegriffen werden. Obstkonserven dagegen besitzen keine wichtigen Nährstoffe mehr und bestehen hauptsächlich aus Zucker, weshalb auf diese unverderbliche Variante verzichtet werden soll. Ebenso werden fertige Gemüsezubereitungen schnell zur fettreichen Falle. Frische Lebensmittel wie Früchte, Beeren, Gemüse und Salate müssen einen großen Bestandteil der Nahrung ausmachen. Obst enthält wenig Kalorien, kein Cholesterin und keine Purine. Sie besitzen zwar wenig Eiweiß und Fett (ausgenommen die fette Avocado), doch auch ihre wenigen Proteine sind wertvoll, weil sie nach Untersuchungen Leber und Niere von harnsäurebildenden Eiweißarten entlasten. Ballaststoffe werden durch Früchte geliefert, weshalb so gut wie jedes Obst die Verdauung sanft fördert. Gemüse besitzt kaum Kalorien, dafür aber viele Vitamine, Mineralien und Spurenelemente. Abgesehen davon, dass mindestens ein Drittel des Vitamin-C- und Carotinbedarfs mit Gemüse gedeckt wird, liefert es auch Folsäure, die vor Blutarmut schützt, und verschiedene B-Vitamine, die unentbehrlich für Nerven, Hirn und Haut sind. Darüber hinaus enthält Gemüse wertvolles Eisen, Kupfer, Mangan, Magnesium, Kalium und Molybdän. Schließlich fördern die Aromastoffe, ätherischen Öle etc. den Appetit, die Verdauung und den Stoffwechsel, wirken entgiftend und abwehrstärkend. Maßgeblich sorgen Gemüse auch für das Säure-Basen-Gleichgewicht im Körper. Da Gemüse kein Cholesterin enthält, dient es dem Schutz von Herz und Gefäßen, es liefert kaum Purine und ist deshalb für Anfällige nicht gichtgefährlich. Ausnahmen bilden dabei allerdings Hülsenfrüchte, inklusive Soja, grüne Bohnen und Erbsen, Spargel, Sellerie, Steinpilze aber auch Weizenkeime und Bierhefe. Einige Gemüse - voran Karotten – enthalten reichlich Pektine, die nach neuen Erkenntnissen den Cholesterinspiegel senken und Arteriosklerose entgegenwirken. Wann immer eine Zubereitung mit Fetten nötig ist, soll zu den hochwertigen Raps- und Olivenölen gegriffen werden. Sie bilden ebenfalls eine wichtige Grundlage in der Ernährung nach LOGI. Hierbei sollte allerdings auf einen bedachten Einsatz geachtet werden. Bei mäßigem Gebrauch tragen die Öle zum Transport der fettlöslichen Vitamine A, D, E und K bei und befördern sie und die essentiellen Fettsäuren in den Blutstrom.

Eine ebenfalls wichtige Rolle kommt der zweiten Stufe der LOGI-Pyramide zu. Dies empfiehlt viele eiweißreiche Lebensmittel wie Geflügel, fettarme Fleischsorten, fettreicher Kaltwasserfisch und fettarmer Fisch sowie fettarme Milch und andere Molkereiprodukte. Aber auch pflanzliche Eiweißquellen wie

Hülsenfrüchte und Nüsse sättigen gut und halten den Hunger über längere Zeit zurück. Weil diese Nahrungsmittel sämtliche essentiellen Aminosäuren enthalten, spricht man von „biologisch hochwertigem Eiweiß". Gutes Fleisch ohne Chemie ist ein edles und wertvolles Nahrungsmittel und eine sehr reiche Quelle für B-Vitamine und Eisen. Aber es sollte immer nur die Beilage zum großen Salat- oder Gemüseteller liefern – und nicht umgekehrt. Fisch soll zweimal wöchentlich zu sich genommen werden. Er hat cholesterinsenkende Eigenschaften und enthält zudem viel Vitamin D und Omega-3-Fettsäuren, die nachweislich eine Schutzwirkung auf Herz und Gefäße hat, Blutfette und Blutdruck senken und Blutgerinnsel verhindern. Auch Milch besteht aus Vitamin-D und ist zudem auch unsere allerbeste Calciumquelle. Zudem sind auch Vitamin A, Vitamin B2 und B12 sowie die Mineralstoffe Phosphor, Jod, Magnesium, Zink und hochwertiges Eisen mit allen unentbehrliche Aminosäuren enthalten. Das Milchfett ist bekömmlich und wird im Darm schnell abgebaut. Die in Milch enthaltene Laktose trägt zur Regulierung der Darmfunktion bei. Nüsse enthalten nur sehr wenig Wasser, haben einen extrem hohen Eiweißgehalt (zwischen 15 und 20 Prozent) und liefern sehr viel Fett (zwischen 50 und 65 Prozent), noch dazu – ausgenommen die Kokosnuss – sehr viele der herzfreundlichen ungesättigten Fettsäuren, in erster Linie Linolsäure. Mit ca. 2,5 Prozent liegt ihr Mineralstoffgehalt höher als bei den meisten anderen Früchten. Sie enthalten vor allem Phosphor und Schwefel, die wichtig für den Stoffwechsel sind und Kalium, das sich sehr gut auf das Herz auswirkt. Dazu beinhalten sie aber auch B-Vitamine, die unsere Nerven und unser „Geist" dringend benötigen. Die Hülsenfrüchte sind besonders wegen ihrem geringen Fettanteil (ein bis zwei Prozent) und den wenigen Kalorien gut für Diäten geeignet. Sie bestehen aus vielen wertvollen Vitaminen, Mineralien und Spurenelementen, darunter auch einige, deren bedarf durch sonstige Ernährung nur mangelhaft gedeckt wird: zum Beispiel Eisen, Phosphor und B-Vitamine, vor allem B1 (Thiamin), B2 und B3 und Folsäure. Diese Stoffe sind sowohl für die Blutbildung und Knochenfestigkeit, als auch für die Nerven unentbehrlich. Es wird empfohlen, die genannten tierischen und pflanzlichen Eiweißwellen möglichst abwechslungsreich zu verzehren, damit sie sich ideal ergänzen und zu besonders hochwertigem Eiweiß verbinden können. Diese Lebensmittel sollen den Stoffwechsel anregen und somit die überschüssigen Pfunde verschwinden lassen.

Getreide- und Vollkornprodukte machen die dritte Stufe der Nahrungspyramide aus. Vollkornprodukte sollten nicht länger die wichtigste Zutat des Speiseplans sein, sondern nur noch als kleine Beilage zu den üppigen Gemüseportionen und „Sattmacher" – dem Eiweiß gegessen werden. Selbst Getreideprodukte aus vollem Korn lassen in großen Portionen den Blutzucker so hoch ansteigen, dass an Fettabbau nicht mehr zu denken ist. In kleineren Mengen sind jedoch gerade Vollkornprodukte gute Vitamin-, Mineralstoff. Und Spurenelementlieferanten. Beim vollen Korn handelt es sich fast ausschließlich um Stärke. Und Stärke aus Polysacchariden wird im Körper erst langsam ausgespalten. „Die Kohlenhydrate aus Getreide sickern dadurch allmählich ins Blut. Sie sättigen besser und versorgen den Körper für längere Zeit mit Energie. Sie halten den Blutzucker auf einem gleichmäßigen Stand" (Münzing-Ruef, Ingeborg: Kursbuch gesunde Ernährung, S.293). Manche Getreidesorten liefern uns sehr viel Chrom und Eisen. Chrom zählt zu den Heilstoffen gegen Diabetes, weil es den Blutzucker normalisieren hilft und Eisen ist unersetzlich zur Bildung der roten Blutkörperchen. Da aber diese wichtigen Nährstoffe bei der LOGI-Diät vor allem über die ersten beiden Stufen der Nahrungspyramide aufgenommen werden sollen, können und sollten Vollkorn- und Getreideprodukte bei dieser Ernährung eine untergeordnete Rolle einnehmen.

Die Spitze der Nahrungspyramide nach LOGI, und damit Lebensmittel die man möglichst meiden sollte, machen helles Brot und Gebäck aus raffiniertem Mehl, Teigwaren, Kartoffelprodukte, geschälter, weißer Reis, Süßwaren und gesüßte Erfrischungsgetränke aus. Diese Nahrungsmittel sind laut Low-Carb besonders figurfeindlich. Je weniger davon gegessen wird, desto besser soll das Wohlbefinden werden. All diese ungesunden Verführer schaden sowohl der Gesundheit wie auch der „guten Linie". Weißmehl ist besonders stärkereich und arm an Mineral- und Ballaststoffen. Daher sind alle daraus hergestellten Lebensmittel ungeeignet für die diätetische Ernährung. Ebenso sind bei geschältem weißem Reis sämtliche Nährstoffe während der Verarbeitung verloren gegangen. Aufgrund der weniger wertvollen Inhaltsstoffe und dem hohen Stärkegehalt soll bei der Ernährung auf dieses Produkt verzichtet werden. Obwohl die Kartoffel zu einem der wertvollsten Nahrungsmittel der Menschheit gehört, kalorienarm ist und wichtiges Eiweiß, sowie Ballaststoffe, Mineralstoffe und Vitamine (vor allem Vitamin C) enthält, ist sie für eine Low-Carb-Diät nach LOGI ungeeignet, da ihr Hauptbestandteil (14,8 Prozent) aus Stärke besteht. Besonders gesüßte Erfrischungsgetränke und Süßwaren sind für eine diätetische Ernährung nicht empfehlenswert. Sie bestehen vor allem aus Fett und viel Zucker, was sowohl ungesund ist, als auch bevorzugt in Körperteilen wie Bauch, Po und Oberschenkeln gespeichert wird.   (Worm, Nicolai; Muliar, Doris; Biesalski, Hans Konrad; Grimm, Peter; Münzing-Ruef, Ingeborg; Der Brockhaus: Ernährung; Maike, Groeneveld)

4.1.3 Bewertung und gesundheitliche Auswirkungen der Diät

Mit dem Low-Carb-Prinzip lockt ein ganz neues Konzept zum Abnehmen und wirft alle bis dahin vorgelebten Diät-Regeln „über Bord". Nicht mehr Fette sind jetzt die Dickmacher schlechthin, sondern die immer als gesund und unentbehrlich verschrienen Kohlenhydrate.

Dass eine diätetische Ernährung auch ohne viele Kohlenhydrate möglich ist, wird durch die Low-Carb-Diät bewiesen. Ob diese Ernährungseinstellung auch über einen längeren Zeitraum durchgeführt werden kann, ist allerdings fraglich. Dabei klingt das LOGI-Prinzip sehr vielversprechend: Es wird großer Wert auf Gemüse und Obst gelegt und zum Verzehr von Vollkornprodukten, Fisch und magerem Fleisch angeregt, wodurch der Körper ausreichend mit Vitaminen, Mineralstoffen und Eiweißen versorgt wird. Zudem wird von Zucker und Weißmehlprodukten abgeraten.

Allerdings besteht die Gefahr einer einseitigen, ballaststoffarmen Ernährung, die weitere Gefahren und Krankheiten mit sich bringt. Aus diesem Grund wird LOGI in der Öffentlichkeit auch eher skeptisch betrachtet. Der FOCUS-Online berichtet über die Methode folgendes: „Ernährungsexperten stehen der Logi-Methode […] skeptisch gegenüber, weil das Verhältnis von Kohlenhydraten, Eiweiß und Fett von den derzeitigen Empfehlungen der

Deutschen Gesellschaft für Ernährung (DGE) abweicht. Umstritten ist auch Worms Ratschlag, mehr tierische Lebensmittel, insbesondere Fleisch, zu verzehren. Die Stiftung Warentest bemängelt, dass ein Wochenspeiseplan etwa 25 Prozent Kohlenhydrate, aber 47 Prozent Fett enthält. Auch die durchschnittliche Cholesterinaufnahme sei zu hoch, so die Tester. Ob die Logi-Methode als gesunde Dauerernährung geeignet ist, müssen wissenschaftliche Langzeitstudien erst noch zeigen. In der Bewertung der Zeitschrift „Ökotest" (Heft 02/2005) erreicht die LOGI-Diät gerade mal ein „befriedigend". Der Grund: Die Nährstoffzusammensetzung ist zu fett- und eiweißlastig, die Rezepte sind aufwändig und erfordern überdies teure Zutaten. Vor allem Menschen mit Nierenschäden oder Gicht sollten diese Diät nicht wählen, empfehlen die Tester. Auch die Stiftung Warentest kommt in ihrem Diäten-Spezial (2005) zu dem Ergebnis, dass die Logi-Methode zum Abnehmen kaum geeignet ist und als Dauerernährung sogar kritisch ist" (http://www.focus.de/gesundheit/ernaehrung/abnehmen/diaetencheck/zuruec k-in-die-steinzeit_aid_7558.html). In einem begleitenden Kommentar sagt Lynn Steffen, Medizinerin der University of Minnesota in Minneapolis. „Low-Carb-Diäten sind alles andere als gesund, nicht nur wegen der häufigen Nebenwirkungen wie Kopfschmerzen, Verstopfung oder Müdigkeit. Sie überschwemmen auch die Nieren mit Eiweiß und bringen das Säuregleichgewicht im Körper durcheinander."

Allgemein ist zu sagen, dass der Aufbau dieser Diät durchaus annehmbar ist. Mit der Forderung viel Obst und Gemüse, Fisch und mageres Fleisch zu sich zu nehmen entspricht sie den Grundlagen der gesunden Ernährung. Allerdings sollte unbedingt darauf geachtet werden die Fettzufuhr gering zu halten und auch die Eiweißaufnahme zu kontrollieren.

4.2 Die GLYX-Diät

4.2.1 Glykämischer Index: Begriffserklärung

„Der Terminus „Glykämischer Index" wurde Anfang der 80er Jahre des vergangenen Jahrhunderts erstmalig im Zusammenhang mit Diabetes mellitus bekannt. Es teilt die Lebendmittel hinsichtlich ihrer Beeinflussung des postprandialen Blutzuckerspiegels ein, der primär von der

Kohlenhydratzusammensetzung abhängig ist. Der Diabetiker vermeidet mit Lebensmitteln mit niedrigem [glykämischen Index] Blutzuckerspritzen und beeinflusst zudem die Blutfette positiv" (Hofmann, Lioba: Niedriger glykämischer Index, wenig Kohlenhydrate, S. 70).

Der glykämische Index wird auch mit GI abgekürzt und gibt die blutzuckererhöhende Wirkung von kohlenhydrathaltigen Lebendmitteln in Prozent im Vergleich zur gleichem Menge reiner Glukose an. Die blutzuckererhöhende Wirkung der Glukose wird dabei mit 100 Prozent angegeben; ihr glykämischer Index liegt also bei 100. Die meisten anderen kohlenhydrathaltigen Nahrungsmittel haben einen niedrigeren GI. Einen besonders geringen glykämischen Index besitzen unerhitzte Getreideprodukte, aber auch der GI von Fruktose beträgt nur ca. 50. Weißmehlprodukte hingegen haben einen hohen glykämischen Index. (Der Brockhaus: Ernährung; Maike, Groeneveld)

4.2.2 Aufbau und Wirkungsweise

„GLYX ist die Abkürzung für den glykämischen Index, der besagt, wie stark ein Lebensmittel die Bauchspeicheldrüse anregt, Insulin auszuschütten. Insulin ist unser wichtigstes Speicherhormon. Es schickt das Fett in die Fettzellen und sperrt es dort ein. Solange Insulin im Blut schwimmt, können fettabbauende Enzyme und das Fastenhormon Glukagon ihre Wirkung nicht entfalten. Man kann gar nicht abnehmen" (Grillparzer, Marion: S.5).

Bei dieser Diät wird der Blutzuckerspiegel niedrig gehalten und dadurch mehr Kalorien verbrannt und Fett abgebaut. Die GLYX-Diät soll nicht nur zum Abnehmen beitragen, sondern will ihren Teilnehmern auch helfen, ihren Körper zu verstehen lernen. Denn wer seinen Körper kennt, weiß, was welche Nahrungs- oder Lebensmittel im Stoffwechsel auslösen und schützt sich vor der Flut falscher Ernährungsinformationen. Ferner will sie dem Hungern entgegenwirken und fordert mit der Aussage „Sie müssen Essen, um abzunehmen" (Grillparzer, Marion: S.10) dazu auf, dem Körper keinen Nährstoffmangel zuzuführen, da dieser in solchen Notsituationen an seinen Fettreserven festhält und auf diese Weise keine Abnahme erfolgen kann. Ausreichende Flüssigkeitsaufnahme ist wichtig für einen guten Stoffwechsel und hilft beim Abnehmen. Darüber hinaus spielt bei dieser Diät die Bewegung eine große Rolle. Nur durch Bewegung kann das Fett verbrannt werden. Die Diät erfordert, dass sich der Teilnehmer so akzeptiert, wie er ist und etwas ändern möchte.

Die GLYX-Diät ist auf mehreren Schritten aufgebaut. Zunächst wird mit drei „Fatnurner-Suppentagen" begonnen, die den Körper entschlacken und die ersten zwei Kilos verschwinden lassen sollen. Die Suppen versorgen den Körper mit Gesundstoffen und Flüssigkeit und reinigen von innen. Sie hat die gleichen Nebeneffekte wie beim Fasten, mit dem Unterschied, dass der Teilnehmer keinen Hunger verspüren soll, weil ohne Einschränkungen Suppe zu sich nehmen darf. Die „Fatburner-Suppen" entgiften auf vier Ebenen: Verdauungstrakt, Lymphe, Herz-Kreislauf- und Immunsystem. Die Mineralstoffe, Vitalstoffe und viel Wasser verbessern die Durchblutung, vor allem in Gewebe, in dem die Schlacken stecken. Die Ballaststoffe binden Gallensäure im Darm, sodass die Leber mehr Gallensäure aus Cholesterin produzieren muss. Vitamine wie Vitamin C, B und Beta-Carotin trainieren das Immunsystem. Dazu wird empfohlen, täglich Trampolin zu springen, um das Kreislaufsystem und die Lymphe zu reanimieren. Außer Suppe, Wasser, Tees oder Gemüsesäfte sollt in den drei Tagen nichts anderes zu sich genommen werden. Allerdings gibt es keinen Zwang, der die Teilnehmer auffordert die drei Tage durchzuhalten, auch zwei Tage sind ausreichend.

Danach beginnt die zweite Phase: die „Fatburner-GLYX-Woche". Diese verspricht täglich mindestens ein Pfund Fett verschwinden zu lassen. Eine Woche lang werden GLYX- niedrig und „Fatburner" kombiniert, um das gewünschte Ergebnis zu erreichen. Zum Frühstück soll ein „Fatburner-Drink" aus Beerenfrüchten, Orangen, Grapefruit, Zitronensaft, Akazienhonig, Sojamilch, Haferkleie und Leinöl oder ein Salat aus Zitronensaft, Akazienhonig, Apfel, Birne, Kiwi, Erdbeeren, Joghurt, Dickmilch, Buttermilch, Sojamilch, Molke oder Kefir zu sich genommen werden. Essen ist drei bis fünf Mal am Tag erlaubt, allerdings muss ein Abendbrot aus GLYX-niedrig-Lebensmitteln bestehen. Es wird geraten jeden Tag ein großes Glas Gemüsesaft zu trinken, ob frisch oder aus dem Reformhaus spielt dabei keine Rolle. Allerdings darf es sich dabei nicht um Karotten- oder Rote-

Beete-Saft handeln, da die einen hohen GLYX haben. Als Vorspeise ist eine „Fatburner-Suppe" oder ein „Fatburner-Salat" erlaubt. Die Nachspeise soll aus Obst mit niedrigem GLYX bestehen. Mehr als ein Stück GLYX-niedrig-Brot am Tag darf nicht zu sich genommen werden. Gemüse kann reichlich gegessen werden, ob in Olivenöl angebraten, gekocht oder roh, ist dabei dem Geschmack überlassen. Wieder wird empfohlen jede Stunde ein Glas Wasser oder Tee zu trinken. Auch zwei Tassen Kaffe am Tag und abends ein Glas trockener Rotwein sind gestattet. Es wird angeregt das tägliche Sportprogramm auf dem Trampolin fortzusetzen.

Der dritte Schritt besteht aus dem GLYX-Baukastensystem. Mit dem bis dahin gewonnenen Gefühl für die gesundheitsbewusste Küche nach GLYX, dürfen sich die Teilnehmer ihre Gerichte selbst auswählen und dabei auf die Rezeptvorschläge in begleitenden Büchern zurückgreifen. Die drei bis fünf Mahlzeiten am Tag sollen weiterhin eingehalten werden. Diese bestehen aus einem Frühstück, einem Fitnessdrink, einem Snack, einem Imbiss und einer Hauptmahlzeit. Es wird dazu aufgefordert, abwechslungsreich zu essen und dabei darauf zu achten, dass nicht zweimal am Tag Fleisch verzehrt wird. Drei- bis fünfmal die Woche Fisch ist erlaubt. Die „Eiweiß-Formel" spielt in dieser Phase eine wichtige Rolle: Jeden Tag wird pro Kilogramm Körpergewicht ein Gramm Eiweiß benötigt. Obst und Gemüse mit niedrigen GLYX darf reichlich gegessen werden. Die Flüssigkeitsaufnahme und das Sportprogramm soll im gewohnten Maß beibehalten werden.

Während der Diät gibt es 30 GLYX-Regeln zu beachten. Sie besagen: Vor Beginn der Diät muss ein Arzt konsultiert werden, der den Teilnehmer über mögliche Gesundheitsrisiken aufklärt und während der Gewichtsreduktion begleitet. Um den Kreislauf und den Stoffwechsel anzuregen, sind Wechselduschen empfohlen. Für regelmäßige Entschlackung und Gewichtsreduktion wird jede Stunde ein viertel Liter Wasser und ein „Fatburner-Drink" getrunken. Notwendige Fettsäuren werden über die tägliche Aufnahme zweier Esslöffel Olivenöl, eines Esslöffels Raps- oder Wallnussöls und einem Teelöffel Leinöls aufgenommen. Es ist immer genügend Eiweiß zu verzehren, den „Fatburner-Suppentagen", „GLYX-Fatburner-Wochen" und „GLYX-Baukastensystem" zu folgen und immer so zu essen, dass kein ständiges Hungergefühl aufkommt. Auf Lieblingslebensmittel muss nicht verzichtet werden. Süßigkeiten wie Schokolade sind erlaubt, wenn bei den restlichen Mahlzeiten Zurückhaltung geübt wird.

Dieses Diät-Programm garantiert einen Erfolg und überschüssige Pfunde sowie schlechte Laune und Trägheit sollen verschwinden. (Grillparzer, Marion; Hofmann, Lioba: Niedriger glykämischer Index, wenig Kohlenhydrate)

4.2.3 diätetisch wichtige Lebensmittel für die GLYX-Diät

Durch die GLYX-Tabelle (vgl. Anhang Seite 5ff.) wird jedem Lebensmittel ein GLYX-Wert zugeordnet. Je nach niedrigem, mittlerem oder hohem GLYX-Wert sollen diese Nahrungsmittel oft oder selten zu sich genommen werden.

Hauptsächlich dürfen Lebensmittel mit einem niedrigen GLYX gegessen werden. Darunter fallen: Gemüse und Obst (mit wenigen Ausnahmen wie reife Banane, getrocknete Datteln oder Wassermelone), Milchprodukte, Roggenbrot (Sauerteig), frische Säfte, Nudeln aus Hartweizengrieß. Ebenso Fleisch, Geflügel und Fisch, weil auch sie aufgrund der wenigen Kohlenhydrate einen niedrigen GLYX besitzen. Produkte, die zwar einen niedrigen GLYX haben, aber auch Fett enthalten, sollten nur in Maßen zu sich genommen werden, zum Beispiel Fleisch, fetter Käse, Eier und Bitterschokolade. Auch Trauben fallen unter die Kategorie niedriger GLYX, aber er liegt bei 45. Wenn davon zu viel gegessen wird, bewirkt das einen höheren Blutzuckeranstieg, als wenn die gleiche Menge Gemüse gegessen wird. Empfohlen wird, Obst immer mit Milchprodukten zu kombinieren, da dadurch der GLYX sinkt. Bei frischen Fruchtsäften liegt der GI ebenfalls bei etwa 40. Wird dieser jedoch mit Mineralwasser oder Buttermilch, Sojamilch, Molke, Kefir gemischt, halbiert sich der GLYX. Lebensmittel mit mittlerem GI dürfen auch genossen werden, allerdings nicht zu viel. Sie sollen nicht als Zwischenmahlzeit dienen und nicht mit Fett kombiniert werden. Zu ihnen gehören Ananas, Basmatireis, Pitabrot und Pellkartoffeln. Da Nahrungsmittel mit einem hohen GLYX zu viel Insulin hervorbringen, sollen diese Nahrungsmittel während der Diät vermieden oder mit einer großen Portion

GLYX-niedrig kombiniert werden. Dazu zählen Bier, Kartoffelprodukte, gekochte Karotten, Wassermelone, Weißmehlprodukte, Knäckebrot, Cornflakes, Schnellkochreis, Fruchtnektar, Limonade, Colagetränke, Kekse, Süßigkeiten und Fertiggerichte.

Bei Obst solle auf reife Bananen, Wasser- und Honigmelone verzichtet werden, da diese nicht beim Abnehmen helfen. Ananas, Kiwi, Mango und Papaya sind in größeren Mengen eher ungünstig. Bedenkenlos gegessen werden darf dagegen heimisches Obst, wie Äpfel, Birnen, Kirschen, Beeren etc. Bei getrocknetem Obst soll eher auf Aprikosen und Pflaumen, statt auf Datteln und Rosinen zurückgegriffen werden. Bei Gemüse muss während der „Fatburner-Tage" lediglich auf Rote Bete und gekochte Karotten verzichtet werden, im Anschluss ist auch dieses Gemüse wieder bedenkenlos erlaubt. Empfohlene Brote sind: Roggensauerteigbrot, spezielle GLYX-Brote, Vollkornschrotbrote (z.B. Grahambrot), Vollkorntoast, Pumpernickel, Gerstenvollkornbrot und Sojabrot mit Leinsamen. Mittlere GI-Werte besitzen Mischbrote aus Weizen- und Roggenmehl, Vollkornbrot (aus Vollkornmehl), Vollkornknäckebrot, Vollkornbrötchen und Pitabrot. Brotvarianten, die gemieden werden sollten, sind: Brezeln, Weißmehlbrötchen, Weißbrot, Baguette, Toastbrot und Roggenbrot.

Bei den Beilagen kann zu Pasta und Vollkorngetreide gegriffen werden. Üblicherweise wird Pasta aus Hartweizengrieß hergestellt. Wenn diese „al dente" gekocht ist, bleibt der GLYX niedrig. Erlaubt sind auch gefüllt Teigwaren und Vollkornnudeln. Weitere gute Beilagen sind: Langkornreis, Basmatireis, Parboiled-Reis, Wildreis, Grünkern, Gerste und Bulgur. Kartoffelfreunde müssen sich allerdings umstellen, da fast alle Kartoffelbeilagen einen hohen GLYX haben. Die einzige Ausnahme bilden Pellkartoffeln, davon dürfen zwei kleine mit viel Gemüse genossen werden.

Bei den Getränken sollten vor allem alkoholische Getränke (außer trockenem Rotwein), Fruchtsaftgetränke, Fruchtnektar, Softdrinks, Ice-Tees und Sportgetränke gemieden werden.

Von den Fetten Olivenöl, Rapsöl und Nussöl darf täglich ganz nach Bedarf reichlich genossen werden. Empfohlen wird, jeden Tag einen Teelöffel Leinöl zu sich zu nehmen. Andere Öle wie Distelöl, Weizenkeimöl, Maiskeimöl, Sojaöl und Sonnenblumenöl liefern zu viele Omega-6-Fettsären und dürfen deshalb nicht mehr als einen Esslöffel pro Tag ausmachen.

Fetter Fisch solle dreimal die Woche gegessen werden um den Körper mit ausreichen Omega-3-Fettsäuren, Jod und Eiweiß zu versorgen. Besonders eignen sich die Fische Lachs, Tunfisch, Hering, Makrele und Dornhai. Ebenfalls gesunde Fettsäuren liefern Nüsse und Samen. Täglich dürfen 20g Nüsse jeder Art oder Sesamsamen, Sonnenblumenkerne, Leinsamen und Kürbiskerne gegessen werden.

Bei Fleisch und Wurst muss unbedingt darauf geachtet werden, dass zwar viele Eiweiße meistens aber auch reichlich Fett enthalten sind. Daher sollte bevorzugt auf geräucherten Schinken ohne Fettrand, Bündner Fleisch, Geflügelwurst, Corned Beef, Roastbeef, Rinderfilet, Kalbsfilet, Kalbsschnitzel, Lammkeule oder Lammrücken, Putenbrust, Hähnchenbrust ohne Haut, Wild, Hase und Rehrücken zurückgegriffen werden. Nur in ganz kleinen Mengen und selten genossen werden dürfen: Wiener Würstchen, Fleischwurst, Fleischkäse, Jagdwurst, Leberwurst, Bratwurst, Mettwurst, Weißwurst, Salami, Speck, Schweinefleisch, Rinderhals, Ente, Gans, Suppenhuhn und Lammkotelett.

Erlaubt ist Käse in fettreduzierter Form, zum Beispiel fettreduzierter Camembert, Edamer, Romadur und Tilsiter. Auch Feta, Schafskäse und Mozzarella, körniger Frischkäse, Harzer, Korbkäse, Mainzer Handkäse und Limburger darf gegessen werden. Gemieden werden solle dagegen Bavaria Blue, Cambozola, Edelpilzkäse, Brie, Camambert (60 Prozent), Gruyere, Appenzeller, Bergkäse und Emmentaler.

Auch auf Sahne und Rahmprodukte muss verzichtet werden. Milchprodukte mit vollem Fettgehalt dürfen dagegen verzehrt werden, diese beinhalten neben wichtigen Mineralstoffen wie Calcium auch Eiweiß, das lang anhaltend sättigt und für diese Art der Gewichtsreduktion erforderlich ist. (Grillparzer, Marion)

4.2.4 Bewertung und gesundheitliche Auswirkungen der Diät

Die Lebensmittelauswahl erfolgt praktisch ausschließlich an Hand des glykämischen Index. Nahrungsmittel mit hohem GI gilt es zu meiden, solche mit niedrigem können in beliebiger Menge verzehrt werden. In der Praxis enthält die Kost also reichlich Obst und Gemüse mit niedrigem GLYX, Käse, Fleisch und Fisch. Diese Kombination hört sich gesund an und soll gut sättigen. Dabei stellt sich aber die Frage, ob eine derartige Ernährung überhaupt gesund sein kann.

Der GLYX darf nicht als alleiniges Kriterium für die Lebensmittelauswahl verantwortlich sein, denn auch eine falsche Kombination von GI-niedriger Nahrung kann den Blutzuckerspiegel stark erhöhen. Der Verzehr von Lebensmitteln mit geringem glykämischen Index führt also nur dann zur Gewichtsreduktion, wenn die Energiezufuhr insgesamt gering bleibt. „ Der glykämische Index variiert nicht nur von Lebensmittel zu Lebensmittel, sondern hängt von weiteren Faktoren ab, etwa von der Zubereitung und der Kombination der Lebensmittel, die Abspeckwillige gleichzeitig verzehren. Der individuelle Stoffwechsel spielt eine Rolle. „Die wissenschaftliche Basis zu dieser Diät ist noch nicht gesichert", kritisiert die Ernährungswissenschaftlerin Isabell Keller von der Deutschen Gesellschaft für Ernährung (DGE). Experten der DGE kritisieren an der Glyx-Diät, dass die Nährstoffrelationen nicht ausgewogen sind. Als langfristige Ernährungsmethode eigne sich die Glyx-Diät laut DGE nicht. "Ökotest"-Expertin Professor Ursel Wahrburg hält die Versprechungen über die Wirkungen der verschiedenen angepriesenen Fatburner-Lebensmittel und Nahrungsergänzungsstoffe für nicht haltbar. Darüber hinaus ist die Nährstoffzufuhr in den ersten Abspeck-Tagen mit noch nicht einmal 1000 Kalorien sehr gering. Überdies liegen Eiweiß- und Fettanteil nach Ansicht der Experten noch etwas zu hoch. Daher kommt „Ökotest" im Gesamturteil zu einem knappen „gut"" (http://www.focus.de/gesundheit/ernaehrung/abnehmen/diaetencheck/blutzuc ker-im-blick_aid_7547.html).

Desweiterem berücksichtigt die GLYX-Diät nicht, ob viele oder wenig Kohlenhydrate gegessen werden. Aber viele Kohlenhydrate aus

Lebensmitteln mit niedrigem GLYX haben genauso ungünstigen Einfluss, wie kleine Portionen von Lebensmitteln mit hohem GLYX.

„Manche Experten warnen vor zu viel Fett und Proteinen wegen eines möglicherweise erhöhten Krebsrisikos, Knochenschäden durch hohe Calciumverluste sowie Gicht und Nierensteine. Der Citratspiegel im Blut (ein hoher Citratspiegel schützt vor Nierensteinen) sinkt und der Säure-Basen-Haushalt wird ungünstig beeinflusst" (Hofmann, Lioba: Niedriger glykämischer Index, wenig Kohlenhydrate, S.75). Allerdings konnten diese Behauptungen bis jetzt noch nicht nachgewiesen werden.

Bei dieser Diät ist es also unbedingt darauf zu achten, dass ausgewogen und fettreduziert ernährt wird, damit der Cholesterinspiegel nicht zu stark ansteigt und der Körper mit ausreichend Vitaminen und Mineralien versorgt wird. Wenn dies beachtet und das tägliche Sportprogramm eingehalten wird, kann dieses Konzept Erfolge erzielen, ohne dem Körper zu schaden.

5 Fazit

Übergewicht stellt ein ernst zu nehmendes Problem dar und führt zu einer Vielzahl von Komplikationen, die eine ganze Reihe von Erkrankungen verursachen können. Gesundheit jedoch ist Voraussetzung für körperliche und geistige Entwicklung und Leistungsfähigkeit, für Reproduktion und Wohlbefinden. Sowohl ein Defizit als auch ein Überangebot an Energie und bestimmten Nährstoffen kann die Gesundheit beeinträchtigen. Allgemein wichtig für eine gelungene Gewichtsreduktion ist, sich realistische Ziele zu stecken.

Sowohl mit GLYX, als auch mit LOGI kann Gewicht erfolgreich reduziert werden. Die Low-Carb-Diäten haben mehrere Vorzüge: Sie legen Wert auf viel Gemüse, motivieren zum Verzehr von Vollkornprodukten und meiden Zucker und Weißmehlprodukte. Ob auch eine Senkung des Kohlenhydratanteils und damit ein höherer Proteinanteil der Kost langfristig nützlich ist, bleibt nach Auswertung weiterer Studien abzuwarten. Immerhin scheint eine moderate Erhöhung der Eiweißzufuhr bis zu zwei Gramm pro Kilogramm Körpergewicht nicht schädlich zu sein, sofern die Nierenfunktion nicht eingeschränkt ist und eine breite Auswahl an Proteinträgern (Milch- und

Sojaprodukte, Hülsenfrüchte, Fisch, fettarmes Fleisch) gewählt wird. Gleichzeitig sollte aber auch darauf hingewiesen werden, dass ein vollständiger Verzicht auf Kohlenhydrate den Stoffwechsel unnötig belastet und im Hinblick auf die Gewichtsreduktion langfristig keine Vorteile bringt. Für welche Form der Diät sich letztendlich entschieden wird, muss jeder Teilnehmer selbst festlegen. Fakt ist jedoch, dass bei einer Ernährungsumstellung immer Komplikationen auftreten können, deshalb sollte eine Gewichtsreduktion vorsorglich von einem Arzt begleitet werden.

Anhänge

Alter	Mann 172 cm, 70 kg	Frau 165 cm, 60 kg
15–18 Jahre	7900 kJ (7,9 MJ)	6200 kJ (6,2 MJ)
19–35 Jahre	7300 kJ (7,3 MJ)	6000 kJ (6,0 MJ)
36–50 Jahre	6800 kJ (6,8 MJ)	5600 kJ (5,6 MJ)
51–65 Jahre	6200 kJ (6,2 MJ)	5200 kJ (5,2 MJ)
66–75 Jahre	5800 kJ (5,8 MJ)	5000 kJ (5,0 MJ)

Durchschnittliche Höhe des Grundumsatzes je Tag (nach DGE und Wirths)

Schlieper, Cornelia A.: Grundfragen der Ernährung. 3., aktualisierte Auflage, Kiel: Verlag Handwerk und Technik 2007, S. 16.

A. Klassifikation der Kohlenhydrate

Kohlenhydrat	Vorkommen	Struktur und Eigenschaften
Monosaccharide		
D-Glucose (Traubenzucker)	Früchte, Honig, Spuren in den meisten Pflanzen	wasserlösliche Hexose
D-Fructose (Fruchtzucker)	Früchte, Honig, Spuren in den meisten Pflanzen	wasserlösliche Hexose
D-Galactose	Komponente von Lactose, wird bei der Verdauung freigesetzt	wasserlösliche Hexose
Disaccharide		
Saccharose (Rohrzucker)	Zuckerrüben, Zuckerrohr, Früchte, Ahornzucker	wasserlösliches Disaccharid aus Glucose und Fructose in α-1,2-Bindung
Lactose (Milchzucker)	Milch, Milchprodukte	Wasserlösliches Disaccharid aus Galactose und Glucose in β-1,4-Bindung
Maltose	Keime, entsteht bei der Stärkeverdauung	wasserlösliches Disaccharid, Glucose und Glucose in α-1,4-Bindung
Polysaccharide		
Amylose	Stärke, Getreide, Kartoffeln	lineares Polymer der Glucose mit α-1,4-Bindungen, wasserlöslich
Amylopectin	Stärke, Getreide, Kartoffeln, Dickungsmittel	verzweigtkettiges Polymer der Glucose mit α-1,4- und α-1,6-Bindungen, wasserunlöslich
Glykogen (tierische Stärke)	Leber, Muskel	verzweigtkettiges Polymer der Glucose mit α-1,4- und α-1,6-Bindungen, wasserlöslich
Inulin	Artischocken	Fructosepolymer, wasserlöslich
Technische Saccharide		
Dextrin	Lebensmittelzusatz	kurze Stücke eines α-1,4-Glucosepolymers
Invertzucker	Lebensmittelzusatz	hydrolysierte Saccharose, gleiche Teile Fructose und Glucose
Glucosesirup	Lebensmittelzusatz	hydrolysierte Stärke (Glucose)
isomerisierter Glucosesirup	Lebensmittelzusatz	hydrolysierte Stärke, teilweise isomerisiert (Glucose und Fructose)

Biesalski, Hans Konrad; Grimm, Peter (Hrsg.): Taschenatlas Ernährung. 4., überarbeitete und erweiterte Auflage, Stuttgart: Thieme Verlag 2007, S. 55.

Tab. 3-1 Proteingehalt ausgewählter Lebensmittel
(g/100 g)

Lebensmittel	Protein (g/100 g)
Sojabohnen	34
Emmentaler (45 % i.Tr.)	29
Magerquark	13
Rotbarsch	18
Rinderfilet	21
Forellen	20
Hühnereier	13
Weizen	12
Erbsen, gekocht	5,5
Milch	3,3
Möhren	1,0
Erdbeeren	0,8
Butter	0,7

Hahn, Andreas; Ströhle, Alexander; Wolters, Maike (Hrsg.): Ernährung.
Physiologische Grundlagen, Prävebtion, Therapie. 2., überarbeitete und
aktualisierte Auflage, Stuttgart: Wissenschaftliche Verlagsgesellschaft 2006,
S. 50.

Fettgehalt verschiedener Lebensmittel:

Lebensmittel (pro 100g verzehrbarem Anteil)	Fettgehalt (g)
Pflanzenfett	100,0
Speiseöl	99,9
Butter	83,0
Margarine	80,0
Erdnüsse	48,1
Kartoffelchips	39,0
Streichmettwurst	37,0
Kalbsleberwurst	36,0
Sahne (30% Fett)	30,0
Schweinebauch	29,0
Räucheraal	28,6
Croissant	25,8
Kalbsbratwurst	25,0
Rinderhackfleisch	14,0
Schinken, gesalzen, gekocht	13,0
Ei	12,0
Roggenbrot	1,2
Blaubeeren	0,6
Banane	0,2
Kartoffeln	0,1

Der Brockhaus: Ernährung, hrsg. von der Lexikonredaktion des Verlags F.
A. Brockhaus (Redaktion Melanie Löw [u.a.], Autoren Harald Abele [u.a.]). 3.,
vollständig überarbeitete Auflage. Leipzig, Mannheim: F. A. Brockhaus
GmbH 2008, S. 217.

Tab. 5–2 Vorkommen sowie Lagerungs- und Zubereitungsverluste der einzelnen Vitamine

Vitamin	Vorkommen	Lagerungs- und Zubereitungsverluste
Vitamin A	Leber, Vollmilch, Butter, Käse, Eigelb (Vorstufen: rote, gelbe und grüne Gemüse wie Karotten, Spinat und Broccoli)	Sauerstoff, Tageslicht, Kochverluste bis zu 40 %
Vitamin D	Fettreiche Seefische wie Hering, Sardine und Bückling, fetter Käse, Pilze, Eier	Sauerstoff, Tageslicht, Kochverluste bis zu 40 %
Vitamin E	Samen und Nüsse sowie daraus hergestellte Öle, z. B. Sonnenblumen- und Weizenkeimöl	Sauerstoff, Tageslicht, Hitze, Kochverluste bis zu 55 %
Vitamin K	In allen grünen Pflanzen, Getreide, Milch- und Milchprodukte, Eier	Tageslicht, Kochverluste bis zu 5 %
Vitamin B_1	Schweinefleisch, Vollkornprodukte, Hülsenfrüchte	Sauerstoff, Hitze, Kochverluste bis zu 80 %
Vitamin B_2	Milch und Milchprodukte, Leber, verschiedene Gemüse	Tageslicht, Hitze, Kochverluste bis zu 75 %
Vitamin B_6	Fleisch und Fisch, Vollkornprodukte, Bananen, Hülsenfrüchte	Tageslicht, Hitze, Kochverluste bis zu 40 %
Niacin	Fleisch und Innereien, Vollkornerzeugnisse, Hülsenfrüchte, Nüsse, Bohnenkaffee	Kochverluste bis zu 30 %
Pantothensäure	Fleisch, Leber, Gemüse, Vollkornerzeugnisse	Hitze, Kochverluste bis zu 45 %
Biotin	Innereien, Eier, Sojabohnen, Erdnüsse, Haferflocken	Hitze, Kochverluste bis zu 60 %
Vitamin B_{12}	Fleisch, Fisch, Eier, Milch und Milchprodukte	Sauerstoff, Tageslicht, Kochverluste bis zu 10 %
Folsäure	Gemüse, Hülsenfrüchte, Leber	Sauerstoff, Tageslicht, Hitze, Kochverluste bis zu 100 %
Vitamin C	Obst, Gemüse	Sauerstoff, Tageslicht, Hitze, Kochverluste bis zu 100 %

Hahn, Andreas; Ströhle, Alexander; Wolters, Maike (Hrsg.): Ernährung. Physiologische Grundlagen, Prävebtion, Therapie. 2., überarbeitete und aktualisierte Auflage, Stuttgart: Wissenschaftliche Verlagsgesellschaft 2006, S. 74.

8 Literaturverzeichnis

Biesalski, Hans Konrad; Grimm, Peter (Hrsg.): Taschenatlas Ernährung. 4., überarbeitete und erweiterte Auflage, Stuttgart: Thieme Verlag 2007.

Der **Brockhaus** multimedial 2008. - 10., Aufl. - Mannheim : Bibliographisches Institut, 2007. - 1 DVD-ROM

Der Brockhaus: Ernährung, hrsg. von der Lexikonredaktion des Verlags F. A. **Brockhaus** (Redaktion Melanie Löw [u.a.], Autoren Harald Abele [u.a.]). 3., vollständig überarbeitete Auflage. Leipzig, Mannheim: F. A. Brockhaus GmbH 2008.

Focus online: Gesundheit. URL: http://www.focus.de/gesundheit/ernaehrung/abnehmen/diaetencheck/zurueck -in-die-steinzeit_aid_7558.html - Download vom 04.03.2009.

Focus online: Gesundheit. URL: http://www.focus.de/gesundheit/ernaehrung/abnehmen/diaetencheck/blutzuc ker-im-blick_aid_7547.html - Download vom 05.03.2009.

Fullerton-Smith, Jill: Der Große Food Check. Was Essen wirklich kann. Berlin: Bloomsbury Berlin Verlag 2007.

Gerlach, Susanne; Ort-Gottwald, Anna: Brigitte Diät. Das Programm, das mein in Leben passt. Hamburg: Diana Verlag 2007.

Grillparzer, Marion: Glyx-Diät. Abnehmen mit Glücks-Gefühl. 5., überarbeitete Auflage, München: Gräfe und Unzer Verlag 2007.

Hahn, Andreas; Ströhle, Alexander; Wolters, Maike (Hrsg.): Ernährung. Physiologische Grundlagen, Prävebtion, Therapie. 2., überarbeitete und aktualisierte Auflage, Stuttgart: Wissenschaftliche Verlagsgesellschaft 2006.

Hofmann, Lioba: Niedriger glykämischer Index, wenig Kohlenhydrate: Neue Zauberformeln für unsere Ernährung. In: Ernährung im Fokus 2005, Heft 3, S. 70-79.

Maike, Groeneveld: Low-Carb-Diäten: Ein Stimmungsbild. In: Ernährung im Fokus 2005, Heft 3, S. 80-84.

Münzing-Ruef, Ingeborg: Kursbuch gesunde Ernährung. Die Küche als Apotheke der Natur. 11., vollständig überarbeitete Auflage, München: Wilhelm Heyne Verlag 2000.

Polunin, Miriam: Die 50 besten Lebensmittel für ihre Gesundheit. Was sie bewirken, wofür sie gut sind. München: Mosaik Verlag 1998.

Schlieper, Cornelia A.: Grundfragen der Ernährung. 3., aktualisierte Auflage, Kiel: Verlag Handwerk und Technik 2007.

Verbraucherzentrale: ABC der Schlankmacher, Verbraucherlexikon zur aktuellen Angebotspakette. Düsseldorf: Das Erste, Verbraucherzentrale NRW 2004.

Wissens-Center : Berechtigungs-CD für 3 Jahre. - Leipzig : Brockhaus Verl., 2005. - 1 CD-ROM: http://www.wissens-center.de/print/SL2933054.html.

Worm, Nicolai; Muliar, Doris: Low Carb. Die Ernährungsrevolution. So kochen Sie sich schlank. 4., überarbeitete Auflage, München: Gräfe und Unzer Verlag 2007.